AF591863

LETTRE

A

UN HAUT FONCTIONNAIRE

SUR L'APPLICATION

DU

CRÉDIT A L'AGRICULTURE.

PARIS
IMPRIMERIE CENTRALE DES CHEMINS DE FER
A. CHAIX ET Cie.
RUE BERGÈRE, 20, PRÈS DU BOULEVARD MONTMARTRE.
1866

LETTRE

A

UN HAUT FONCTIONNAIRE

SUR L'APPLICATION

DU

CRÉDIT A L'AGRICULTURE.

MONSIEUR,

Des débats récents, et qui auront un grand retentissement dans le pays, ont signalé, parmi les causes les plus sérieuses de souffrances dont personne n'a contesté la gravité, le défaut d'organisation du crédit pour l'agriculture.

La question est à l'ordre du jour.

Malgré la création d'institutions financières puissantes qui semblaient devoir résoudre le problème, la solution n'a point été trouvée. Des tentatives privées n'ont pas été plus efficaces. Tandis que l'Angleterre et la Belgique s'emparaient de cet instrument, et en faisaient un admirable usage, nous en sommes aux tâtonnements. Vous voyez que je ne veux pas être plus sévère que les orateurs qui ont fait au Sénat et au Corps législatif un si triste tableau de notre situation agricole.

Si nous n'avions pas été mieux avisés pour satisfaire à d'autres exigences, on pourrait attribuer cette infériorité à quelque défaut de notre société française. Mais, par une bizarre contradiction, nous avons multiplié sous toutes les formes les applications du crédit à la circulation du capital, aux relations du commerce, aux besoins financiers et aux entreprises d'utilité publique de l'État et de nos voisins, grands ou petits. Nous avons montré ce qu'un pareil secours peut rendre de services à l'industrie, lorsqu'il s'agit pour elle de se modifier, d'élargir ses moyens de création, sous l'aiguillon de la concurrence. Enfin, il n'est pas jusqu'à l'Algérie, où l'introduction du crédit sur la plus grande échelle ne soit annoncée comme le seul procédé qui puisse se prêter aux nécessités de la colonisation!

N'eût-il pas été juste de songer un peu à l'agriculture, et de faire marcher tout au moins de pair, dans a question du crédit, les moyens d'améliorer le sol et de perfectionner nos cultures? N'y eût-on pas trouvé des éléments de prospérité qui n'étaient pas à dédaigner, même au point de vue du budget de l'État?

Au lieu de cela nous aurons une enquête; en fait, l'ajournement.

Mais, de bonne foi, que veut-on apprendre et que

cherche-t-on? Veut-on reconnaître l'étendue du mal, ou découvrir le remède? Pas n'est besoin d'organiser une commission, de préparer un formulaire de questions, de choisir des inspecteurs, des rapporteurs, et d'imprimer d'épais in-quarto que personne ne lira. Consultez le plus simple cultivateur du centre de la France, ou le plus gros fermier de la Beauce, ils vous répondront qu'ils ne peuvent plus joindre les deux bouts, sans modifier leur exploitation, afin de la rendre à la fois plus productive et moins dispendieuse; que, pour cette modification, il leur faudrait des avances, et que ces avances, ils n'ont aucun moyen de se les procurer.

Oh! sans doute, une fois l'enquête ouverte, vous verrez surgir bien d'autres explications. Elle mettra en lumière des plaies déjà anciennes, que des circonstances exceptionnelles semblaient avoir cicatrisées. Ici on voudra revenir à l'échelle mobile, que la Chambre paraît vouloir abandonner; là, on préconisera le droit fixe à l'entrée des grains étrangers. La souffrance rend égoïste, et l'égoïsme est aveugle. Mais l'expérience est complète, et tous les faits viennent à l'appui. On exagérerait hors de toute mesure les barrières protectionnistes, qu'on ne ferait pas faire un pas à la vraie question, celle du rapport entre la production et la consommation intérieure. Les rapports officiels d'ailleurs ont parlé, et nous ont appris tout ce que renferme d'efforts, de périls et d'épreuves, le régime nouveau sous lequel il nous faut vivre. Transforme-toi, a dit le *Moniteur* officiel à l'agriculture! Ce dont l'agriculteur sensé et prévoyant doit donc se préoccuper désormais, c'est de demander au sol ce qu'il peut produire dans les meilleures conditions possibles, de manière à laisser la marge la plus étendue aux bénéfices. Si le prix de revient est moins avantageux sur le froment que sur les bestiaux, pourquoi faire du froment? et si la consommation intérieure a des besoins plus impérieux en viande qu'en pain, pourquoi ne pas les satisfaire, dût-on laisser aux blés étrangers la place sur le marché qu'on ne pourrait leur disputer? Voilà la théorie!

Mais ici revient la difficulté fondamentale! Transforme-toi, c'est bien! A quoi l'agriculture répond : Donnez-moi deux choses dont je ne me puis passer, le temps et le capital! Hors de là, et sans cela, votre conseil n'est qu'une condamnation d'autant plus dure, que je ne l'ai pas méritée, car vous ne m'avez pas même avertie!

Le temps! c'est trois ou quatre ans de privations et de malaise. Mais on s'y résignerait encore, si l'on voyait au bout l'issue favorable, l'avenir laborieux sans doute, mais rémunérateur. Vienne donc l'autre condition, le capital! Mais où est-il?

Au fond de toutes les difficultés, de toutes les craintes, de toutes les espérances, vous retrouvez la question du crédit. Autant vaut l'aborder de suite. Chaque jour de retard se traduit par des embarras, des transactions ruineuses, des malheurs qui ne pourront plus se réparer. Qu'espérez-vous d'ailleurs, ou que craignez-vous? Comptez-vous sur des bénéfices? D'où viendraient-ils, lorsque vous-mêmes, vous avez avoué que la source est tarie? Redoutez-vous d'être taxés de témérité? Voyez ce qui se passe, je ne dis pas en Amérique, où la confiance d'un peuple libre dans ses institutions a donné au monde un spectacle qu'il n'a pas cru payer trop cher par des milliards, mais dans notre vieille civilisation européenne? Ne dirait-on pas qu'elle n'a d'autres préoccupations que de rejeter sur les générations qui vont suivre, les charges que lui impose son bien-être et qu'elle trouve trop pesantes? Sociétés de capitalistes, sociétés de travailleurs, associations, communautés de toute espèce! On a épuisé les combinaisons les plus variées, les plus ingénieuses pour substituer la responsabilité multiple à l'engagement individuel, afin d'accroître, grâce à la solidarité, les ressources d'un seul. Quand je me représente par la pensée les opérations financières, les entreprises commerciales, les usines, les chantiers, les ateliers, les machines, les bras mis en mouvement, cette immensité insondable, incalculable qu'embrasse un seul mot, le travail humain, et que j'essaye de me rendre compte du capital réel qui l'alimente, je demeure confondu devant la puissance de cet autre mot, le crédit, qui est devenu l'âme de la société actuelle. Mais plus je le vois s'assouplir, se modifier pour répondre à des exigences si diverses, moins je comprends qu'aucune de ces formes sous lesquelles l'esprit d'association a pénétré partout, n'ait encore été adaptée aux besoins de notre agriculture.

Il est temps d'y songer, vous dis-je : le pays tout entier le sent bien. Derrière ces merveilleux instruments d'une civilisation en progrès, les voies de fer, la navigation à vapeur, le télégraphe électrique et tant d'autres, pourquoi ce malaise sourd, profond, qui pèse sur toutes les transactions et s'étend jusqu'à la propriété? De temps en temps on nous en donne une explication : la Crise! C'est ce que la langue des financiers a inventé pour caractériser les redoublements de cette fièvre lente. Crise industrielle! Crise monétaire! Le vocabulaire de la science économique ne suffit pas à en donner la définition. Ceux-ci l'attribuent à la Banque de France. La Banque, à son tour, veut en rendre responsable la spéculation ou les achats à l'étranger. La cause est bien plus simple, et pour peu qu'on regarde autour de soi, on la voit écrite partout.

Tout ce qui pouvait donner des bénéfices certains et immédiats est épuisé. On n'a pas tué la poule aux œufs d'or; mais, qu'on passe le mot à un agriculteur, elle ne pond plus! Chemins de fer, industrie métallurgique, constructions dans les grandes villes, entreprises de tout genre, tout s'est usé ou avili. Cependant, dites-vous, les ressources du budget augmentent et le bien-être général s'accroît manifestement. Sans doute, le salaire du travail est plus fort, il crée des consommateurs en plus grand nombre pour les matières sujettes à l'impôt indirect! Sans doute aussi, les exportations attestent que notre atelier général n'a pas perdu de son activité. Mais le capital hésite faute de sécurité, et si, à ces causes si évidentes de marasme, vous ajoutez la détresse de l'agriculture, n'y a-t-il pas de quoi donner à penser à l'optimiste le plus tenace? Avez-vous calculé ce qu'un événement malheureusement trop facile à prévoir, l'invasion de l'épizootie qui sévit en Angleterre, peut amener de calamités et d'épouvante dans nos départements du Centre, qui n'ont d'autres ressources que leurs bestiaux? Pour moi, je vous l'affirme, quand j'y songe, et que je vous vois nous renvoyer à l'enquête, je crains que vous n'ayez qu'une faible idée des extrémités où peut conduire la misère!

C'est du fond de ma conscience de bon citoyen que je vous répète : Hâtez-vous! Puisque vous dites aux populations agricoles de changer leur condition, montrez-leur l'expédient qui leur permettra de le faire. Apportez le crédit à la terre qui vous le demande, ou, s'il est avéré qu'elle ne doit pas y compter, que l'exploitation rurale s'y refuse ou ne saurait en profiter, hâtez-vous encore de l'avouer! Le compte à régler sera douloureux, la fortune publique n'en sera pas la moins troublée, mais l'incertitude est aussi fâcheuse et n'a pas de moindres dangers!

Est-il donc vrai que l'agriculture et le crédit soient incompatibles en France? L'agriculture est-elle placée, pour l'emploi du crédit, dans une situation qui le rend pour elle plus dangereux ou moins efficace?

Ce qui a le plus contribué à retarder la solution de cette question et à l'obscurcir, c'est l'assimilation qu'on a faite de l'agriculture à l'industrie, quant à l'usage qu'elles doivent faire du crédit. Dès qu'on se rend compte de la différence qui existe, non-seulement dans leur mode d'exploitation, mais dans leurs procédés pour réaliser leurs bénéfices, on aperçoit l'obstacle qu'on n'a pu jusqu'à présent franchir.

Cette cause de difficultés et de mécomptes n'a échappé ni aux hommes pratiques, ni aux esprits profondément sagaces et observateurs. Vous avez entendu MM. Fremy et Thiers s'accorder pour la signaler au pays. Mais est-elle aussi absolue dans ses conséquences qu'ils l'ont annoncé? C'est là ce qu'il importe d'approfondir.

Oui, le crédit à court terme ne peut convenir à l'agriculture, tandis qu'il entre admirablement dans les nécessités comme dans les avantages de l'industrie.

D'une manière ou d'une autre, l'industrie est obligée d'avoir un fonds de roulement. Elle ne peut s'en passer, pour alimenter son travail et créer ses produits. Plus le travail est actif, et plus les produits se succèdent et vont aboutir à leurs débouchés, plus le fonds de roulement se renouvelle. Les produits en effet, une fois vendus, sont représentés par un prix à toucher, un règlement plus ou moins long, et ce règlement se traduit par un effet à échéance, susceptible d'être négocié et transmis par endossement. Le crédit y trouve un gage d'autant plus certain que la signature du fabricant garantit le paiement de l'acheteur.

Le régulateur du taux des transactions pour l'industrie n'est et ne peut être autre que le prix du loyer des capitaux employés à l'escompte du papier de commerce. La Banque de France en est jusqu'à présent le thermomètre officiel. Il en résulte que, dans le calcul de son prix de revient et de ses bénéfices, l'industriel doit toujours faire entrer les chances d'élévation du prix de ce loyer, ou, ce qui revient au même, le taux auquel il pourra reproduire son fonds de roulement.

Si, par la concurrence ou toute autre cause, le loyer lui impose un sacrifice trop onéreux, il n'a d'autre alternative que de changer ses procédés ou de chômer. Mais, pressée par cette nécessité, l'industrie parvient presque toujours, quand elle s'adresse à un élément essentiel de la consommation, à supporter la charge, d'ailleurs passagère, du taux élevé de l'escompte. Ainsi, elle a pu traverser la longue crise amenée par la guerre d'Amérique, et les embarras mêmes qu'elle a subis ont provoqué des transformations qui auront d'utiles effets. Ainsi, d'un autre côté, l'élévation à 8 et 9 0/0 du taux d'escompte de la Banque, n'a pas eu pour résultat le chômage de certains établissements plus menacés, tant le ressort de la production possède d'élasticité pour réagir en proportion des sacrifices que l'industrie doit s'imposer.

Une fois les produits versés dans la circulation, ils représentent une valeur variable sans doute ; mais cette valeur s'établit par un cours connu, auquel elle est réalisable, et elle dispense le fabricant de recourir à d'autres combinaisons.

Voyons maintenant ce qui se passe chez l'agriculteur.

Habituellement l'agriculteur (je ne parle pas de celui qui joint à son exploitation rurale une usine industrielle destinée à utiliser ses produits), l'agriculteur n'a pas de fonds de roulement, on n'en a qu'un très-précaire. Quand il est prévoyant, il met en réserve ce qui est destiné à payer le percepteur, les assurances et les charges locales. Le plus souvent, son grenier, ses étables, sa laiterie ou sa cave, forment le plus net de sa bourse. Quand il se sent pressé, il cherche à vendre. S'il ne vend pas, il demande du répit, sûr ou à peu près de l'obtenir, parce qu'il en coûterait cher pour le poursuivre. S'il vend, il s'acquitte et recommence à voir venir les exigences qui n'étaient pas tout à fait menaçantes. Dans tout cela, le crédit n'a rien à faire, et manquerait d'ailleurs complétement d'une base fixe.

Supposez que l'agriculteur veuille constituer ce fonds de roulement qui lui manque. Il n'a que deux manières : le prélever sur ses bénéfices, ou l'emprunter. Pour le prélever sur des bénéfices, il faut non-seulement les créer une première fois, mais les continuer sans interruption ; sans cela le fonds de roulement devra les remplacer dans le revenu de la terre. Or, pour les créer, pour les continuer, il faut précisément être en mesure de faire certaines avances qui impliquent l'existence et la libre disposition de ce fonds de roulement. Reste la ressource de l'emprunter ; c'est en effet la seule qui soit employée.

Ici, beaucoup de bons esprits s'arrêtent et redoutent pour l'agriculture les dangers d'un emprunt dont l'intérêt dépassera certainement le taux de 3 à 4 0/0 qu'ils assignent au capital employé à la culture. D'autres sont surtout préoccupés des garanties que suppose le prêt, et persistent à les chercher dans la situation personnelle de l'emprunteur, qu'ils craignent de voir compromise.

Tout cela est vrai dans la pratique actuelle, et jusqu'à

présent elle a échoué devant cette difficulté; mais il faut pénétrer plus avant dans la question pour décider si elle est réellement insoluble.

L'agriculteur est-il propriétaire, exploitant lui-même, ou par des colons ou métayers? Je le suppose ayant étudié attentivement les conditions par lesquelles il peut espérer de tirer un meilleur parti de sa propriété.

Le premier agent qui lui manque pour accroître les produits de la terre, c'est le fumier. Il ne peut y suppléer que par l'engrais artificiel et les amendements. C'est une avance que rien ne peut remplacer et pour laquelle l'économie se traduit souvent par une perte.

L'élévation du prix de la main-d'œuvre le conduit à se procurer des machines ou des outils perfectionnés. Autre avance!

Enfin, après avoir fait des sacrifices pour répondre à ces deux exigences de toute culture intelligente, il se trouve, par un assolement dans lequel les prairies artificielles jouent un rôle nouveau, en mesure d'élever et de nourrir un plus grand nombre de têtes de bétail. Achats importants, autre avance!

Remarquez-le bien : ceci ne sort pas de la culture la plus modeste. Il ne s'agit encore d'aucune de ces vastes combinaisons qui exigent un capital considérable de premier établissement. Cependant, c'est ici que reçoit son application l'aphorisme que prononçait devant moi l'un des maîtres de la pratique agricole (1) .

(1) M. Dailly, grand-père de celui qui le continue si dignement dans les traditions de la ferme de Trappes.

« Si vous prêtez à la terre à raison de 1,000 francs » par hectare, pour peu que vous soyez intelligent, elle » vous rendra 10 0/0. Si vous ne lui prêtez que 500 » francs, elle vous marchandera 5 0/0. Mais si vous ne » lui prêtez que 200 francs, elle ne se croira pas obligée » de vous les rendre. »

Tout est là, en effet! Il faut prêter à la terre. Mais pour prêter...

Qu'est-ce donc après tout que les avances? Le fonds de roulement au moyen duquel la terre deviendra productive, pas autre chose!

Mais quand l'agriculteur y rentrera-t-il? Sera-t-il maître, comme l'industriel, de presser ou de ralentir sa production, pour la mettre en rapport avec ses débouchés? Non : pour lui, tout est réglé invariablement! La terre lui rendra sans doute, et largement! Mais pour se rembourser des engrais, il devra attendre d'abord la récolte, puis la vente ; pour les amendements, quelquefois deux, trois ans, et souvent plus ; pour les machines, un amortissement plus ou moins rapide ; enfin, pour les bestiaux, des occasions favorables.

L'agriculteur réduit à s'engager pour se procurer ces avances, n'est pas sûr de faire face à ses engagements, s'ils sont à court terme. Le délai d'un an, minimum dans bien des cas, suppose quatre renouvellements d'un effet à quatre-vingt-dix jours. A quelles conditions ce renouvellement sera-t-il obtenu? On cite une Société qui, cependant, est organisée pour venir en aide à l'agriculture, et qui déclare que la nécessité de suivre le niveau de la Banque l'a contrainte de porter jusqu'à

11 0/0 la commission et l'intérêt qu'elle a dû réclamer, précisément pour des effets renouvelés. Est-ce là, je le demande, un régime dont l'agriculture puisse s'accommoder, et le remède n'est-il pas plus à redouter que le mal ?

Admettons toutefois que l'effet a été souscrit, puis renouvelé. Un jour viendra pour l'échéance décisive. Là. encore, il suffira d'un incident imprévu pour qu'une vente ou des rentrées sur lesquelles on croyait pouvoir compter, ne soient pas réalisées. Alors, le protêt, les poursuites, enfin toutes les conséquences d'un billet laissé en souffrance.

Quoi qu'on fasse, la régularité, la ponctualité, qui sont l'essence même du fonctionnement de l'industrie et du commerce, quand ils font appel au crédit, ne se rencontrent à aucun des degrés de nos transactions agricoles. Il faudra bien du temps et bien des modifications dans les mœurs et les habitudes de notre société pour qu'elle s'y façonne. Sans doute, il est difficile de prévoir et d'assigner à l'avance les résultats du développement de la démocratie, surtout en ce qui a trait à son influence sur l'agriculture; cependant on peut constater déjà les tendances de la petite propriété vers l'exploitation directe du sol. La théorie préconise la grande culture et le régime du fermage quasi-industriel à capitaux importants. Les faits résistent, sur la plus grande partie du territoire, et les efforts sont dirigés plutôt vers le meilleur emploi du métayage, que vers la concentration dans des baux à long terme. Tout bien examiné, je ne pense pas qu'il y ait à s'en plaindre; mais il faut se résigner à voir de plus en plus le défaut de capital initial se faire sentir, et l'intervention du crédit plus nécessaire.

Au surplus, en fût-il autrement, le crédit ne serait pas moins indispensable au fermier. Tout ce qui vient d'être exposé lui est applicable. Mais, s'il veut se procurer ou accroître son fonds de roulement, il doit lutter contre une entrave qui lui est propre. Aux termes de l'article 2102 du Code Napoléon, tout ce qui garnit la ferme, aussi bien que les produits de la récolte, sont sous la main du propriétaire, à titre de privilége spécial, pour les fermages échus ou à échoir. Le fermier ne peut en disposer sous aucune forme.

Si l'on veut bien peser attentivement ces considérations et beaucoup d'autres tirées de l'organisme même de l'industrie et de l'agriculture, on reconnaîtra, je pense, pourquoi les efforts, très-louables d'ailleurs, qu'on a tentés jusqu'à présent pour les assimiler, sont restés sans résultat.

Qu'en faut-il conclure?

Que si l'agriculture ne peut pas fournir les éléments d'un crédit spécial répondant à ses besoins et donnant satisfaction à ses exigences, elle reste enfermée dans un cercle fatal qu'elle sera impuissante à briser.

Il lui faut un papier spécial qui se négocie en dehors des usages du commerce.

L'État affecte une portion des revenus publics au service de sa dette, et crée un papier, la rente ou des bons du Trésor.

La propriété foncière a son papier, l'obligation hypothécaire.

L'industrie a le sien, le warrant.

La marine marchande a le connaissement.

Les chemins de fer ont leurs obligations.

Partout où se montre un gage solide et réalisable, vient se placer un papier qui en est la représentation, et sur lequel s'asseoit le crédit.

L'agriculture peut-elle offrir ce gage, assez sûrement établi, assez universellement admis, et d'une transmission assez facile, pour qu'il marche de pair avec les meilleures valeurs? Voilà en résumé la vraie question. Celle-là résolue, tout s'aplanit.

Le gage de l'agriculture, ce n'est pas le droit sur la terre, comme on est porté à le croire, ce n'est même pas la solvabilité de l'agriculteur, si on ne considère que cette solvabilité seule. Le véritable gage de l'agriculture, c'est ce qu'elle crée : c'est la récolte et le croît ou le produit des bestiaux.

Au premier abord, la garantie va sembler bien insuffisante. C'est avec ces seuls produits, en effet, que le cultivateur doit assurer :

Les frais de toute espèce;

Le fermage ou le revenu du capital que la terre représente;

Le loyer de son travail et de son intelligence;

Enfin, un certain bénéfice.

Que reste-t-il?

*

Allons au fond des choses.

Prenons la terre la plus fertile et la mieux exploitée de la Flandre ou de la Normandie. En froment, elle produit de 30 à 40 hectolitres à l'hectare. Mais comment a-t-elle été amenée à ce maximum de fécondité? Est-ce par la constitution exceptionnelle du sol? Cela est si peu vrai, que si l'on cessait de lui fournir l'aliment qui la renouvelle, au bout de quelques années elle serait d'autant plus stérile qu'elle aurait plus donné. Cet excédant est dû à l'emploi intelligent et incessant d'un gros capital pour lequel il faut prélever le même intérêt que s'il était appliqué à un autre usage. Que ce soit le fermier ou le propriétaire qui l'apporte, ou un tiers qui le fournisse, le compte sera le même. Il n'en faut pas moins faire entrer le montant de cet intérêt dans le calcul du prix de revient. On ne fait donc que se conformer à ce qui se passe déjà dans l'ordre des faits que j'examine, quand on affecte au gage du prêteur le produit des améliorations obtenues à l'aide du prêt.

Recherchons maintenant ce qui a lieu pour les terres de qualité inférieure, peu productives, parce que depuis un temps immémorial on leur marchande l'engrais et les amendements. Elles rendent difficilement de 11 à 12 hectolitres à l'hectare; mais ce rendement est la base du fermage, si elles sont affermées, ou de l'estimation du revenu, si c'est le propriétaire qui exploite. Leur valeur vénale est en proportion. Dans l'hypothèse précédente, le capital employé pour obtenir un produit brut plus considérable devait prélever son intérêt avant d'arriver au produit net. Ici, ce capital n'existe

point. Lorsqu'il s'agit de le fournir, il est encore évident qu'on ne change rien à la situation respective des intéressés, quels qu'ils soient, en prélevant sur le produit, qui va s'accroître par les améliorations, l'intérêt du prêt qui aura procuré directement cet accroissement.

Dans ces deux cas, c'est à la terre qu'on a fait des avances; c'est à elle qu'on a prêté; c'est la terre elle-même qui est chargée de servir l'emprunt qu'on a fait pour elle, et elle le servira certainement si, à l'aide du prêt, son exploitation est devenue plus économique ou plus productive.

Au surplus, l'idée d'attribuer à la terre elle-même le rôle que je viens d'indiquer dans le remboursement des avances qui lui sont faites, n'est nouvelle ni comme principe, ni comme application.

La loi a fait de la récolte un gage réel.

Toutes les législations l'ont considérée ainsi (1). Sous cette forme, elle est devenue l'objet d'une espèce de droit de revendication au profit de celui qui, par des services ou des fournitures, l'a créée en quelque sorte et réclame son paiement. Ainsi, celui qui a fourni les semences au fermier, celui qui a acquitté les frais de la récolte, doivent être payés sur le prix avant le propriétaire, en vertu d'un privilége qui prend rang avant le sien. Appliquez, en le renfermant dans de justes limites, ce principe si simple et si vrai, vous voilà en

---

(1) Code Napoléon, art. 2102.

face d'une solution complète du problème! Car le crédit réclamé pour la terre ne doit être, s'il va à sa destination, que l'avance du capital consacré à des améliorations réelles et par là à l'augmentation de la récolte

Mais, dès que la récolte doit fournir la garantie, j'aperçois deux conditions essentielles pour que les prêts qu'elle couvrira puissent en profiter :

1° Qu'ils s'appliquent à des avances d'objets nettement définis, et ayant concouru à produire la récolte;

2° Que l'emploi de ces objets puisse être justifié.

Ainsi, il faut s'attacher à déterminer avec précision quels sont les moyens d'amélioration qui s'adressent au sol, à ses produits, à son exploitation, assez directement pour rentrer dans les mêmes prévisions qui ont compris les achats de semences ou les frais de la récolte.

On ne peut hésiter à y placer les achats d'engrais ou d'amendements de toute nature.

A l'époque où le Code civil a été rédigé, l'analyse n'avait pas pénétré dans les entrailles de la terre; elle n'en avait pas fait connaître la constitution chimique. On ignorait ce qu'elle gagnait et ce qu'elle perdait à produire; ce qu'il fallait lui apporter quand elle ne l'avait pas, lui rendre quand on le lui avait pris. Aujourd'hui, il n'y a pas un petit colon, un humble métayer, qui ne sachent bien ce que valent pour la terre les fumiers ou les amendements, et pas un ne contesterait que la récolte de l'année et celles qui suivront n'en recueillent les effets en proportion de ce qu'on aura employé. Dira-t-on que la semence, c'est la récolte elle-même, tandis que les engrais et les amendements ne sont que des stimulants? La distinction serait puérile, car la semence se multiplie précisément sous l'influence de ces agents dont l'efficacité se traduit par le rendement même du grain fécondé. Le seul point que l'on puisse contester, c'est la persistance de l'effet produit; et, pour répondre à toutes les objections, il serait convenable de limiter la garantie à la durée la plus courte des effets probables : deux ans, au plus. On comprend d'ailleurs qu'il y aurait quelque chose d'excessif à faire acquitter, sans délai possible, par une seule récolte, des avances qui profiteront successivement à deux ou trois. Une pareille rigueur conduirait quelquefois à une perturbation dans le revenu, qui ne serait motivée ni par les résultats observés, ni par l'intérêt des cultivateurs.

On doit réclamer aussi comme une conséquence du principe posé par l'article 2102 du Code Napoléon, que le privilége accordé aux avances pour frais de la récolte soit appliqué aux achats de machines, instruments et outils aratoires. Ne faut-il pas entendre, en effet, par ces mots, frais de la récolte, le travail sous toutes les formes où il a concouru à la produire? La machine qui remplace les bras de l'homme pour battre le grain, celle qui fane la prairie, et tant d'autres qui substituent une force mécanique à la force bien plus dispendieuse et bien moins efficace que le Code a eue en vue, ne remplissent-elles pas le même rôle dans les opérations de la récolte ou dans celles qui l'ont préparée?

La seule interprétation légitime est d'embrasser dans la même application toute dépense qui a eu pour objet et pour résultat la récolte; et, dès lors, pourquoi l'obligation souscrite pour acquitter le prix d'une machine ne serait-elle pas garantie au même degré que le salaire, dont elle n'est après tout que la représentation? Dira-t-on que les machines et les instruments profitent d'une autre disposition qui leur est particulière, et que le vendeur a le droit d'être payé sur le produit de la vente? Pour les machines fixes, qu'il serait impossible de transporter intactes, l'usage de ce droit serait à peu près dérisoire. Pour toutes, dans la pratique, il serait sans application, car il est toujours facile de faire disparaître les instruments ou outils au lieu de les produire à la vente.

Enfin, les bestiaux! c'est l'engrais vivant. C'est, sans contredit, de tous les agents qui contribuent à l'amélioration de la récolte, le plus utile, et celui qui a le plus de droits à un encouragement. Là, encore, on découvre combien le législateur, bien qu'animé d'un certain esprit de prévoyance, a été dépassé par les faits et la science agricole. En réglant la matière des cheptels, il semble surtout préoccupé des intérêts de la propriété. Elle seule, en effet, est en jeu, quand il ne s'agit que du troupeau destiné à vivre sur le sol, à s'y élever pour s'y reproduire et se renouveler. Toutefois, dans l'article 1813, le Code pressent qu'une spéculation accessoire pourra venir se joindre à cette exploitation habituelle et normale. Mais, dans ce cas même, le tiers qui prête le cheptel ne peut maintenir son droit contre celui du propriétaire, qu'en notifiant à ce dernier que le cheptel a été par lui apporté.

En réalité, aujourd'hui, les cheptels sont devenus extrêmement mobiles, et l'élevage des bestiaux est subordonné à une infinité de circonstances locales dont l'usage est à peu près le seul arbitre. Les troupeaux émigrent sans cesse, pour aller chercher des pâturages plus fertiles, ou pour se prêter aux exigences du travail. Ici on les produit, là on les élève, là on les utilise, là on les engraisse, et souvent ces diverses évolutions ont lieu à de grandes distances. Elles nécessitent des avances importantes, et se proposent des bénéfices soumis à des fluctuations sensibles. Mais, en fin de compte, elles aboutissent au sol, et lui déversent la substance de l'amélioration la plus sûre, l'agent le plus fécond des produits récoltés.

Une modification doit intervenir pour approprier cette partie de la législation aux nécessités de la culture. Mais, dans tous les cas, il semble rationnel d'assimiler aux frais de la récolte les bestiaux destinés à l'élevage et à l'engraissement, en ce qui touche la garantie au profit du prêteur qui aura fourni les avances pour en faire l'achat.

En résumé, achats de semences, d'engrais ou amendements, de machines, d'outils et de bestiaux d'élevage ou d'engraissement, en dehors du cheptel ; ces quatre moyens d'amélioration directe du sol et de production de la récolte seraient l'objet d'un privilége dérivant de celui qui est déjà consacré par l'article 2102 du Code Napoléon. Il ne semble pas qu'il y ait lieu d'aller plus loin dans cette voie, et ils comprennent tout ce qui est nécessaire à une bonne exploitation rurale. La construction des bâtiments agricoles, les travaux de drainage, d'irrigation, etc., ne rentrent pas dans la catégorie des avances qui s'adressent directement à la récolte, et qu'elle peut couvrir par l'accroissement immédiat de ses produits. Ils sont d'ailleurs le fait du propriétaire, et ont plutôt en vue la plus-value de l'immeuble que son exploitation habituelle.

Mais pour que le privilége, limité aux quatre applications que j'ai indiquées, puisse devenir la base du crédit agricole, suffit-il de l'établir sur la récolte de l'année, comme le fait l'article 2102 du Code? La garantie serait illusoire. La pratique le démontre péremptoirement. On ne peut procéder que par voie de saisie, sur la récolte, soit lorsqu'elle est sur pied, soit lorsqu'elle est emmagasinée. Mais lorsqu'il s'agira de poursuivre le paiement d'un effet à un an, on arrivera trop tard vis-à-vis du débiteur de mauvaise foi, qui aura fait disparaître le gage avant l'échéance.

Si la récolte de l'année ne suffit pas pour asseoir utilement le privilége du prêteur, on est conduit à l'étendre, lorsque l'engagement émane d'un fermier, à toutes les récoltes qui se succèdent jusqu'au terme de l'engagement, et aux meubles qui garnissent la ferme.

Tel est le but d'une rédaction nouvelle de l'article 2102 du Code Napoléon (*Des priviléges sur certains meubles*), ainsi conçue :

Des priviléges sur certains meubles.

2102. Les créances privilégiées sur certains meubles sont :

1° Les loyers et fermages des immeubles, sur les fruits de la récolte de l'année et sur le prix de tout ce qui garnit la maison louée ou la ferme, et de tout ce qui sert à l'exploitation de la ferme; savoir, pour tout ce qui est échu et pour tout ce qui est à échoir, si les baux sont authentiques, ou si, étant sous signature privée, ils ont une date certaine; et, dans ces deux cas, les autres créanciers ont le droit de relouer la maison ou la ferme pour le restant du bail, et de faire leur profit des baux ou fermages, à la charge, toutefois, de payer au propriétaire tout ce qui lui serait encore dû ;

Et, à défaut de baux authentiques, ou lorsque, étant sous signature privée, ils n'ont pas une date certaine, pour une année, à partir de l'expiration de l'année courante.

Le même privilége a lieu pour les réparations locatives et pour tout ce qui concerne l'exécution du bail.

Néanmoins, les sommes dues pour les semences ou pour les frais de la récolte de l'année sont payées sur le prix de la récolte de l'année, et celles dues pour ustensiles, sur le prix de ces ustensiles, par préférence au propriétaire, dans l'un et l'autre cas.

Rédaction à substituer au quatrième paragraphe du 1° de l'article 2102 du Code civil.

Néanmoins, les sommes dues pour semences, engrais ou amendements, ou pour les frais de la récolte de l'année, sont payées sur le prix de la récolte, et celles dues pour ustensiles, sur le prix de ces ustensiles, par préférence au propriétaire, dans l'un et l'autre cas.

Sont assimilés aux loyers et fermages des immeubles les engagements, effets ou obligations contractés à terme, même de plus d'un an, par le fermier ou colon, pour achats de semences, engrais, amendements, bestiaux de travail ou d'engraissement, et pour ustensiles servant à l'exploitation.

Le privilége du vendeur s'exercera concurremment avec celui du propriétaire pour termes déjà échus, et par préférence sur les termes à échoir, si le propriétaire a été averti, et si dans le délai de quinzaine de l'avertissement il n'a pas notifié son opposition.

Dans le cas où le propriétaire n'aurait pas été averti, ou si, l'ayant été, il s'est opposé à l'achat, le privilége du vendeur ne s'exercera qu'après celui du propriétaire.

(*Le reste comme à l'article.*)

L'assentiment que cette rédaction a obtenu de jurisconsultes éminents (1) et de praticiens exercés; l'approbation qui, si je suis bien informé, lui a été donnée, du moins en principe, par le ministre de la justice et par une commission spéciale instituée auprès du ministre de l'agriculture, autorisent à espérer qu'elle sera soumise à un débat devant le Corps législatif.

Qu'on me permette donc de la supposer adoptée. Il faut bien que je me place sur le terrain pour examiner quelle en sera la portée, et si elle peut devenir assez efficace pour ouvrir enfin la voie du crédit à l'agriculture.

Quand nous agitons cette question, nous n'avons en face de nous que des fermiers, ou des propriétaires, car le colon ou le métayer ne sont liés à la terre qu'ils cultivent que par un contrat précaire qui ne leur permet pas de lui faire des avances.

Occupons-nous du fermier!

Il a un bail plus ou moins long. Il veut en tirer le meilleur parti possible, et améliorer le sol. La nouvelle disposition législative le met en possession d'un privilége qu'il peut offrir à un prêteur, et qui aura pour effet de conférer à celui-ci, concurremment avec le propriétaire, les mêmes droits qu'à ce dernier sur la

---

(1) M. Matthieu, avocat à la Cour impériale de Paris et député de la Corrèze au Corps législatif, a bien voulu y coopérer, et l'a défendue devant la Commission spéciale qui en avait été saisie, par suite d'une note qu'il avait lui-même remise à l'Empereur.

récolte et sur ce qui garnit la ferme. Dès qu'il ne s'agit que d'améliorer le sol, ce prêt ne pourra représenter qu'une somme en proportion avec le revenu de la terre. Dans la plupart des cas, le gage ne sera pas réclamé, l'engagement souscrit sera payé à l'échéance, ou renouvelé amiablement. Supposons cependant l'insolvabilité de l'emprunteur! Le propriétaire aura intérêt à acquitter la créance qui vient en concurrence avec la sienne, pour rester maître de dicter les conditions. Allons plus loin encore, et poussons les choses à leur dernières limites. N'est-il pas évident que le recouvrement d'une créance ainsi établie est plus facile, plus sûr, et soumis à moins d'éventualités que celui d'une créance hypothécaire? Aucune formalité de purge, d'ordre; nul débat possible avec les tiers. Les droits du propriétaire, ni plus ni moins : ils renferment toutes les sûretés désirables. Une pareille créance, souscrite par le fermier, équivaut donc à l'engagement le plus solidement garanti par la propriété, et sera préférable à une hypothèque.

Voyons maintenant ce qui va se passer si l'emprunteur est propriétaire. L'engagement qu'il aura contracté pour l'achat des objets qui concourent à améliorer sa propriété, suppose tout d'abord un emploi utile, qui augmentera ses ressources pour se libérer. Dans la plupart des cas, l'accroissement de la récolte suffira pour rembourser les avances; car on ne peut supposer qu'un homme sensé contracte une dette personnelle pour se livrer à des expériences stériles. Mais écartons cette considération, pour ne nous attacher qu'à l'engagement en lui-même. Pourquoi l'effet qu'un propriétaire a revêtu de sa signature présenterait-il moins de solidité que celui souscrit par un commerçant? La contrainte par corps a été reconnue inefficace et n'a jamais arrêté la mauvaise foi. N'est-il pas plus facile d'apprécier la situation d'un agriculteur que celle d'un fabricant ou d'un banquier? Ne sait-on pas s'il cultive avec intelligence et profit, si ses biens sont déjà engagés? Enfin la gestion de sa fortune ne se fait-elle pas en quelque sorte au soleil, tandis que l'industriel et le commerçant sont intéressés à se tenir dans le secret?

En fin de compte, quelles sûretés pourrait-on donner de plus à un prêteur? Il a entre les mains un billet, et derrière ce billet, faute de paiement, les récoltes qu'il fera saisir, les meubles de toute espèce, et, pour dernière ressource, l'expropriation de la terre.

On peut peut-être craindre que, pendant quelque temps encore, nos habitudes détournent certains propriétaires du crédit qui ne s'obtiendra qu'en donnant leur signature sur un billet. Mais cette signature une fois donnée, soit par le fermier dans les cas prévus plus haut, soit par le propriétaire, constituera sans aucun doute un papier plus sûr, et ainsi plus recherché que les effets de commerce. Il y a donc là une base vraiment sérieuse et puissante pour le crédit agricole.—Mais à quelles conditions?

De tout ce qui précède doit ressortir cette pensée, que l'engagement dont j'examine la valeur, qu'il émane d'un fermier ou d'un propriétaire, ne présentera pas les caractères d'un effet de commerce, mais ceux du simple billet. Il doit en être ainsi; car si on le concevait tel qu'il pût être présenté à l'escompte de la Banque, il devrait être renouvelé de trois mois en trois mois, et se verrait par cela seul frappé d'une réprobation qu'on ne peut s'empêcher de trouver légitime. Laissons aux actes leur portée véritable, et aux mots leur signification. Une échéance, dans la langue du commerce, n'est pas un atermoiement. Or, je crois l'avoir établi, l'agriculteur ne peut se poser résolûment en face d'une échéance. Le papier de l'agriculture restera une valeur au besoin transmissible par la voie de l'endossement, négociable par conséquent; s'il s'adresse à l'escompte, il devra le payer plus ou moins cher, suivant qu'il inspirera plus ou moins de confiance ou que l'argent sera plus ou moins abondant. Mais, le jour de l'échéance arrivé, le porteur du billet se trouvera devant une signature, qu'il devra discuter, et non devant une lettre de change. Si cette signature est d'un fermier, il revendiquera le privilége; si elle est d'un propriétaire, il commencera par la saisie des récoltes, et pourra aller jusqu'à l'expropriation.

On a allégué les frais et les lenteurs d'une procédure civile comme une difficulté, et on en a conclu l'impossibilité d'accepter l'effet souscrit par l'agriculteur. Mais, dès qu'il faut exécuter un débiteur insolvable, pense-t-on que les frais et les lenteurs soient moindres pour arriver à se faire colloquer en rang utile parmi les créanciers, à entrer dans un concordat, que lorsqu'il faut obtenir une expropriation?

Quant au débiteur en lui-même, il est évident que,

s'il est insolvable : propriétaire, il a du moins un immeuble d'une valeur appréciable et qu'on a pu évaluer à l'avance, sur lequel, si des hypothèques étaient inscrites, leur chiffre était connu; commerçant, le passif se découvre tout à coup, sans qu'on ait pu le calculer, sans qu'aucune donnée vous ait averti, excepté peut-être lorsqu'il était trop tard. Cela est si vrai, qu'on s'estime heureux quand le commerçant possède dans son actif quelques valeurs immobilières qui offrent une base certaine.

Pour dernière issue, le commerçant aboutit à la faillite, le propriétaire à la déconfiture. Le résultat n'est pas différent.

Avec de pareilles garanties, le gage est-il suffisant?

Je ne crois pas qu'on puisse sérieusement le contester. Cependant, en ce qui concerne le propriétaire, toutes ces garanties existent déjà dans la législation actuelle, et sont sous la main du prêteur, sans qu'elles aient paru de nature à asseoir le crédit à l'usage de l'agriculture.

Je dirai donc ma pensée tout entière.

Le crédit suppose avant tout une sécurité réputée absolue, mais il exige aussi une association qui lui assigne une forme pratique, au moyen de laquelle il entre dans les procédés généralement répandus, et en quelque sorte dans les mœurs.

Sans doute, dès qu'on me concède l'impuissance de la contrainte par corps, je ne vois pas, dans l'état actuel, quant à la sûreté du paiement, de différence entre le papier de commerce et l'effet dont j'ai indiqué plus haut le caractère. Le titre, en lui-même, ne présente aucune condition d'infériorité. Mais l'un est à courte éhéance, 90 jours au plus; l'autre, pour rendre le service qu'on en attend, devra souvent comporter un délai d'un an et quelquefois aller au delà. Par cela seul, et aussi parce que le souscripteur ne sera pas commerçant, il devra s'adresser, pour être escompté, à d'autres intermédiaires que la Banque de France. Tant que l'association n'aura pas créé ces intermédiaires, le crédit ne sera pas constitué.

Examinons donc à quelles conditions, sous quelle forme ils doivent être créés, et comment leurs rapports avec l'agriculture peuvent s'établir?

La véritable difficulté a été déjà aperçue et signalée par les hommes pratiques (1).

Si vous présentez à l'escompte l'effet souscrit par le cultivateur, quelle que soit sa solvabilité, l'intermédiaire, banquier ou société de crédit, qui endossera cet effet et devra le négocier, réclamera (c'est justice) une commission pour chaque signature apposée. Si vous n'avez à payer ainsi qu'un intérêt de 8 0/0, vous devrez reconnaître que le prix du service rendu n'aura rien d'exagéré. Et cependant l'agriculture ne saurait le supporter.

Dans ces conditions, en effet, rien n'est possible.

Supposez, comme d'autres le proposent, l'établis-

---

(1) *Journal de l'agriculture.* — Lettre de M. Tessier-Desfarges, n° 5, tome Ier, 1866.

sement d'une banque générale agricole avec un directeur au chef-lieu de chaque département et un agent dans chaque chef-lieu de canton; si cette banque se borne à l'escompte du papier des cultivateurs, elle sera condamnée à des frais considérables qui élèveront forcément le taux de l'escompte et nous ramèneront, par un autre chemin, à l'impossibilité déjà entrevue. Toutefois, si j'ai exposé ce dernier ordre d'idées, c'est qu'il conduit indirectement à la solution.

L'agriculture, je crois l'avoir établi, a pour unique gage la terre, la terre améliorée. D'où plusieurs conséquences :

1° Le crédit ne doit pas lui être fait en espèces, même quand elle serait tenue d'en justifier l'emploi, mais en acquits pour son compte des divers achats qui devront concourir au but qu'elle se propose. C'est là un point d'une importance capitale, car les prêts en argent feraient disparaître la véritable garantie. Quand on traitera avec un fermier, ces achats, pour avoir droit au privilége du vendeur, ne pourront porter que sur l'un des quatre objets que la rédaction nouvelle a énumérés. Si l'emprunteur est propriétaire, qu'il cherche à obtenir soit une somme d'argent dont il puisse disposer, soit des avances pour d'autres dépenses que celles qui sont ainsi spécifiées, ce n'est plus au crédit agricole qu'il doit les demander. Il ne se présenterait plus comme cultivateur seulement, et il devra recourir à l'emprunt hypothécaire ou à l'effet de commerce, suivant les cas.

2° Les achats devront être justifiés par des factures, pour que leur origine ne soit pas contestée.

3° Le prix des objets achetés au moyen du crédit ne devra pas être augmenté, car, dans ce cas, l'agriculture supporterait, d'une manière détournée, un intérêt plus élevé.

4° Le crédit, une fois constitué solidement, doit pouvoir suivre toutes les variations du taux ordinaire des transactions non commerciales, sans quoi l'agriculture serait condamnée à l'immobilité, tandis que tout changerait autour d'elle.

Admettons qu'une société se fonde sur ces données.

Avant tout, elle est intéressée à ce que les achats ne portent que sur des objets remplissant de bonnes conditions de qualité et d'appropriation, de telle sorte que l'amélioration soit obtenue et le gage augmenté de valeur.

Son fonds social n'est qu'un capital de garantie; car si les engagements pris envers elle par les cultivateurs, fermiers ou propriétaires sont exactement acquittés, elle rentre intégralement dans ses avances. Ses pertes, si elle en éprouve, ne peuvent résulter que de l'insolvabilité des emprunteurs, et ne sauraient excéder une certaine proportion du chiffre total de son mouvement d'affaires. Si, par exemple, elle a prêté 15 millions et que son fonds social soit de 5 millions, il faut aller jusqu'à admettre que le tiers de ses prêts sera irrécouvrable, pour affirmer que son capital pourra devenir insuffisant.

Elle acquitte au lieu et place du cultivateur, et pour son compte, la facture d'engrais ou de machines; mais c'est le cultivateur qui consent le prix, puisque c'est lui qui demande la fourniture, et en prend livraison.

Enfin, elle ne peut réclamer de l'emprunteur que l'intérêt des avances qu'elle a faites, et elle doit en abaisser le taux autant que possible, afin d'accroître l'importance de ses opérations.

Tel sera le programme d'une institution qui aura en vue de venir efficacement en aide à l'agriculture, et de lui offrir le crédit sous une forme qui lui permette de l'utiliser.

Mais jusque là rien ne fait ressortir un bénéfice convenable pour cette institution elle-même. C'est que ce bénéfice ne doit pas être demandé à l'agriculture ou plutôt à la terre seule. Il ne faut pas envisager seulement les moyens d'amélioration en ce qui concerne ceux qui les emploient, mais aussi quant à ceux qui les fabriquent.

Ici on se trouve en présence d'une industrie spéciale, qui attend une réforme complète, qui, elle aussi, a besoin d'aide, et n'a pas moins à espérer que l'agriculture d'une institution de crédit bien conçue.

La fabrication des engrais et des amendements a éveillé, depuis longtemps, la sollicitude du gouvernement. Une enquête suivie avec beaucoup de soin a signalé des faits bien regrettables, des fraudes, des abus de toute espèce, qui se traduisent par une perte énorme pour l'acheteur. En même temps il a été établi que cette industrie, même lorsqu'elle est honnêtement exercée, supporte des frais très-onéreux pour le dépôt, la vente, et surtout pour le recouvrement du prix de ses produits, sans parler d'un personnel d'agents et des dépenses si coûteuses de la publicité.

Acquitter au comptant les factures des fabricants loyaux et éprouvés, c'est les exonérer de presque tous ces frais, et leur rendre un service qu'ils sont disposés à rémunérer par un escompte au taux du commerce, et une commission qui variera suivant l'industrie.

Tout ce qui vient d'être dit s'applique à l'industrie des machines.

Enfin, le commerce des bestiaux laisse plus de marge à une commission qui viendra s'ajouter à l'intérêt des avances.

C'est là qu'il faut chercher le bénéfice de l'institution du crédit agricole.

Si l'on veut se faire une idée de l'organisation possible d'une telle société, il est facile de comprendre qu'elle aura beaucoup d'analogie avec les Compagnies d'assurances. Ainsi, l'administration', dont le centre sera à Paris, instituera partout où le besoin lui en aura été indiqué, une agence locale, qui prendra son point d'appui dans les comices et dans les comités de patronage qui s'établiront dans chaque département. Cette agence recevra soit directement, soit par des intermédiaires, les demandes de crédit des cultivateurs, s'il s'agit d'engrais ou de machines. Elle mettra à leur portée les tarifs des divers objets que la Société comprendra dans ses avances. Elle en assurera la livraison par les chemins de fer, recevra les engagements des emprunteurs et en fera le recouvrement.

La Société rendra donc à la fois service :

A l'agriculture, en lui faisant crédit à un intérêt qui pourra, en ce moment, n'être que de 5 0/0, pour des achats qui seront à l'abri de toutes les fraudes si tristement signalées ;

Aux industries des engrais, des amendements et des machines, en remplaçant pour elles, par une remise qui leur sera avantageuse, tous les frais qui les grèvent et exigent un capital qu'elles paient très-chèrement.

Je prévois des objections.

Cette remise, dira-t-on, c'est toujours celui qui achète les objets fabriqués qui la paie ; par conséquent, elle retombera sur l'agriculture. Je pourrais contester l'assertion pour une certaine portion, car tout a ses limites ; mais je l'accorde, si l'on veut. Reste à évaluer les frais que la fabrication est obligée de couvrir actuellement, qu'elle ne couvre qu'en les prélevant sur les prix, et qu'elle met par conséquent à la charge des acheteurs. Si ces frais s'élèvent à 20 0/0, et qu'ils puissent être réduits à 10 0/0, n'est-ce pas l'agriculture qui profitera de cet abaissement ? Tel sera inévitablement, à la longue, l'effet de la concurrence.

Dira-t-on aussi que le taux de l'intérêt ne devant pas plus être immobile pour l'agriculture que pour l'industrie, il pourra arriver que l'élévation du taux de la Banque mette la Société dans l'impuissance de continuer ses crédits, sous peine de perdre le bénéfice qui lui était assuré par les remises des fabricants ?

Pour répondre, il me faut entrer dans quelques développements, qui d'ailleurs sont nécessaires pour faire bien comprendre le mécanisme financier de l'institution telle que je la conçois.

Les engagements souscrits par les cultivateurs dans la forme du billet à ordre, formeront la base des opérations. Pour se procurer les ressources nécessaires à son mouvement d'affaires, la Société déposera ces billets dans une caisse publique, et en représentera le montant par des obligations qui ne pourront, dans aucun cas, l'excéder, et devront en suivre les variations. Une autre disposition statutaire déterminera aussi la proportion des obligations émises avec le fonds social souscrit, de manière à assurer la garantie la plus complète.

Veuillez bien le remarquer, ces valeurs reposeront sur des billets à ordre emportant privilége dans certains cas, ou signés par des propriétaires connus; elles seront émises par une société dont le capital ne pourra, dans aucun cas raisonnable, être compromis, puisqu'elle serait toujours libre de cesser ses prêts ; elles pourront se prêter à toutes les formes quant aux variations d'échéances, parce que les billets à ordre seront eux-mêmes variables; ces billets étant déposés et ne donnant pas lieu à une négociation, ne seront pas affectés par le taux de l'escompte de la Banque de France ; les obligations elles-mêmes n'en ressentiront le contre-coup que comme le ressentent celles du Crédit foncier ou des Chemins de fer; enfin, remboursables au pair et pouvant être escomptées, elles offriront un placement avantageux à l'épargne et au bénéfice des pères de famille qui voudront s'assurer un intérêt convenable et des rentrées certaines.

S'il en est ainsi, ces obligations deviendront promptement le véritable *papier agricole*.

Rien ne s'opposera d'ailleurs à ce que la société, pour justifier la confiance à laquelle elle fera appel, aille au-devant de toutes les exigences quant à la publicité de ses opérations. Il ne s'agira pour elle ni d'emploi de fonds, ni de spéculations en dehors de son but; elle fera plus ou moins d'affaires, mais elle ne pourra en faire qui ne soient pas prévues par sa destination même.

Un seul danger serait à redouter : si le chiffre de ses opérations restait minime, il pourrait être insuffisant pour couvrir les frais d'administration et d'agence locales, qui seront considérables.

Mais, s'il faut s'en rapporter aux préoccupations du public, aux vœux exprimés avec tant d'instances par les agriculteurs, aux débats mêmes du Corps législatif, ce qu'on doit craindre, ce n'est pas l'inutilité d'un pareil établissement, mais bien qu'un ajournement ne lui fasse perdre l'avantage de venir à propos.

En résumé :

Le crédit exige un gage;

Le gage que l'agriculture peut fournir, ce n'est ni l'hypothèque, ni l'effet de commerce; c'est la terre elle-même améliorée, autrement dit la récolte.

Le Code Napoléon l'a prévu, mais d'une manière incomplète.

Une fois le gage solidement constitué, une institution

spéciale de crédit peut s'établir, qui procurera les moyens d'amélioration et contribuera à créer elle-même sa propre garantie. Le papier qu'elle émettra ne sera pas soumis à l'escompte de la Banque de France, et ne devra qu'à sa propre solidité la confiance qui en assurera la négoication à un taux modéré.

Offrant aux objets qui serviront à l'amélioration de la terre un débouché et le paiement au comptant, elle recevra des vendeurs une remise qui lui permettra de ne réclamer qu'un intérêt plus faible de l'agriculteur.

Elle fera cesser à la fois la fraude dans le commerce des engrais, et les emprunts usuraires.

Voilà toute une organisation que je crois utile, pratique, et d'une réalisation facile.

Si l'on veut se faire une idée approximative des services qu'elle peut rendre, il suffit de reproduire quelques chiffres qu'on trouve partout :

Ainsi, sans parler des semences, pour le froment seul, qui exigent 15,000,000 d'hectolitres d'une valeur d'au moins 270,000,000 de francs, la statistique officielle porte à 91,000,000 de francs l'évaluation de la production des engrais artificiels et des engrais du commerce. Elle laisse en dehors les amendements, tels que la chaux, le plâtre, etc., qu'il est difficile de ne pas estimer à une valeur de 60,000,000.

La fabrication des machines et de l'outillage perfectionné dépasse certainement 10,000,000.

Enfin les bestiaux vendus chaque année pour l'élevage, et qui ne font pas partie des cheptels fixes, représentent plusieurs centaines de millions.

Quel que soit le rôle qu'on assigne au crédit pour favoriser et étendre un pareil mouvement de richesses créées, il reste évident que son action sera puissante et trouvera matière à s'exercer au grand profit de tous.

Charles Rivet,
Ancien député et conseiller d'État, cultivateur au Teinchurier près Brives (Corrèze).

Paris, 19 mars 1866.

IMPRIMERIE CENTRALE DES CHEMINS DE FER. — A. CHAIX ET Cᵉ, RUE BERGÈRE, 20, A PARIS. — 2724.

www.ingramcontent.com/pod-product-compliance
Ingram Content Group UK Ltd.
Pitfield, Milton Keynes, MK11 3LW, UK
UKHW021530260726
13993UKWH00004B/1895